29859

RECHERCHES

SUR

L'ABSORPTION D'OXYGÈNE

ET L'ÉMISSION D'ACIDE CARBONIQUE

PAR LES PLANTES MAINTENUES DANS L'OBSCURITÉ

PAR

P. DEHÉRAIN

Docteur ès sciences
Professeur à l'École d'agriculture de Grignon
Aide-naturaliste de culture au Muséum d'histoire naturelle

ET

H. MOISSAN

Attaché au laboratoire de culture du Muséum d'histoire naturelle

PREMIÈRE PARTIE

RESPIRATION DES FEUILLES

EXTRAIT DES ANNALES DES SCIENCES NATURELLES (BOTANIQUE), 5e SÉRIE, TOME XIX

PARIS

G. MASSON, ÉDITEUR

LIBRAIRE DE L'ACADÉMIE DE MÉDECINE

PLACE DE L'ÉCOLE-DE-MÉDECINE

1874

RECHERCHES

L'ABSORPTION D'OXYGÈNE ET L'ÉMISSION D'ACIDE CARBONIQUE

PAR LES PLANTES MAINTENUES DANS L'OBSCURITÉ,

PAR MM.

P. P. DEHÉRAIN.
Aide-naturaliste de culture au Muséum d'histoire naturelle;

et

H. MOISSAN,
Attaché au laboratoire de culture du Muséum d'histoire naturelle.

PREMIÈRE PARTIE

RESPIRATION DES FEUILLES.

Les naturalistes distinguent aujourd'hui dans les végétaux deux fonctions complétement différentes dans leurs manifestations extérieures, bien que tendant au même but, l'accroissement de la plante et la formation d'organes destinés à la reproduire.

Tandis que les fonctions de nutrition, comprenant la décomposition de l'acide carbonique et de l'eau, l'assimilation des matières azotées et des principes minéraux, ont été l'objet de travaux nombreux et variés, les fonctions de respiration, qui se manifestent par l'absorption d'oxygène et l'émission d'acide carbonique, n'ont encore été qu'incomplétement étudiées.

Sans doute Th. de Saussure, avec sa sagacité habituelle, a mis hors de doute le fait même de l'émission d'acide carbonique par les feuilles et de l'absorption d'oxygène, déjà entrevu par Priestley et Ingenhousz; il a même montré que les deux actions n'étaient pas absolument liées l'une à l'autre, et que certaines plantes grasses, telles que l'*Opuntia*, pouvaient absorber

de l'oxygène sans émettre du même coup une quantité correspondante d'acide carbonique. Sans doute, depuis, M. Garreau (1),
en 1854, a publié deux mémoires importants sur les phénomènes de respiration. Mais, malgré ces travaux et ceux qui ont
paru depuis peu en Allemagne et en France, et qui ont été
insérés récemment dans ce recueil même (2), on ne saurait
considérer la question comme épuisée (3).

§ 1.

But des recherches entreprises.

En reprenant l'étude de la respiration des végétaux, nous
avons eu pour but de connaître d'abord quelle était l'importance de ce phénomène ; c'est-à-dire quelle était la quantité
d'acide carbonique produite par un poids déterminé de feuilles
dans un temps connu.

Il était naturel de comparer cette production d'acide carbonique par les végétaux à celle que donnent les animaux inférieurs, et de voir si les deux règnes, qui dévoilent dans l'en-
semble de leurs fonctions tant de points de ressemblance,
ne présenteraient pas dans la fonction vitale par excellence,
la respiration, une analogie plus ou moins lointaine.

Nous avons encore recherché, dans la première partie de ce
travail, l'influence qu'exerce sur cette fonction l'espèce à laquelle appartenaient les feuilles en expérience, leur état de
santé, enfin la température à laquelle elles étaient soumises.

Dans la seconde, nous avons voulu non-seulement déterminer
la quantité d'acide carbonique obtenue, mais aussi chercher le

---

(1) *Ann. sc. nat.*, Bot., 3e série, vol. XV, p. 5, et vol. XVI, p. 271.

(2) Barthélemy, *De la respiration et de la circulation des gaz dans les végétaux*
(*Ann. des sc. nat.*, Bot., 5e série, t. XIX, p. 138). — Boehm, *De la respiration des
plantes terrestres* (*ibid.*, p. 181).

(3) Nous examinerons, dans les mémoires suivants, les faits relatifs à l'absorption
de l'oxygène et à l'émission d'acide carbonique par les autres organes végétaux ; c'est
alors que nous aurons à apprécier les travaux classiques de M. Fremy sur la matu-
ration, et ceux de M. Cahours sur la respiration des fruits.

rapport qu'elle présente avec l'oxygène absorbé. Enfin, dans l'une et l'autre série nous avons fait varier la nature des atmosphères dans lesquelles avait lieu la respiration des feuilles, pour reconnaître l'influence que pouvaient exercer les gaz introduits sur le phénomène lui-même.

Toutes les expériences ont été faites dans une obscurité absolue, afin d'éviter la décomposition de l'acide carbonique, qui n'aurait pas manqué de se produire si les feuilles eussent été éclairées ; enfin nous avons évité d'introduire dans les vases où se trouvaient les feuilles en expérience des matières capables d'absorber l'acide carbonique, de façon à ne pas déterminer, par le mode même d'opérer, la diffusion de l'acide carbonique contenu dans les feuilles.

Après avoir ainsi multiplié les expériences, nous avons cherché à les interpréter et à voir ce qu'on en peut déduire relativement à cette question : Quel est le rôle physiologique de la combustion interne qui s'accuse par l'absorption d'oxygène et l'émission d'acide carbonique ?

PREMIÈRE SÉRIE D'EXPÉRIENCES.

§ 2.
Description de l'appareil.

Les feuilles en expérience ont été placées dans une de ces éprouvettes portant une tubulure inférieure qui sont employées dans les laboratoires pour dessécher les gaz ; cette éprouvette E était contenue dans un grand cylindre de verre renfermant de l'eau dont on faisait varier la température au moyen d'un courant de vapeur traversant un tube en U plongé dans l'eau du vase V.

La disposition de l'appareil figuré dans la planche 15 permettait de maintenir les feuilles dans la même atmosphère pendant toute la durée de l'expérience, ou de renouveler cette atmosphère par un courant de gaz continu ; dans tous les cas, il fallait se mettre en garde contre l'acide carbonique introduit par l'atmosphère ambiante et recueillir absolument tout l'acide carbonique produit ; en outre, comme on voulait pouvoir agir au besoin dans l'oxygène pur, on avait adopté des dispositions convenables pour se mettre à l'abri des entraînements de gaz que produisent si souvent les mouvements de trompe déterminés par les liquides qui pénètrent dans les tubes. La figure (pl. 15) montre toutes les dispositions adoptées, et l'on voit que l'eau descendant dans le flacon A pour déplacer le gaz qui s'y trouve, est obligée de s'élever dans le petit ballon α, où s'arrêtent les bulles d'air entraînées ; elle déplace ensuite le gaz de A, qui se dépouille d'acide carbonique dans les boules de Liebig B, remplies de potasse concentrée ; elle passe ensuite dans le petit appareil D, renfermant un peu de mercure, et qui a pour but d'empêcher les gaz contenus dans l'éprouvette d'arriver au contact de la potasse des boules B.

Dans le tube desséchant F renfermant du chlorure de calcium, on a eu soin de placer un peu de coton à l'extrémité f, pour que des parcelles de chlorure de calcium ne fussent pas entraînées dans l'appareil C par le courant de gaz qui traverse ce tube à la fin de l'expérience. Enfin, cet appareil C, qui va nous indiquer à chaque expérience la quantité d'acide carbonique produite, a été disposé de la façon suivante :

A l'extrémité h' a été fixé un petit tube à chlorure de calcium, pour arrêter la vapeur d'eau dont s'est saturé l'air sec en passant bulle à bulle dans la solution de potasse. Ce tube fait corps avec l'appareil, de telle sorte que la différence des deux pesées faites avant et après l'expérience nous donne tout de suite le poids de l'acide carbonique formé.

Dans le tube h' ont été placés, entre deux tampons de coton, de petits fragments de chlorure de calcium, pour empêcher qu'il ne s'établisse, entre l'air chargé d'humidité qui se trouve dans les boules et l'air sec qui se trouve dans le tube F, un transport, qui, bien que très-faible quand l'expérience dure peu de temps, pourrait, dans des expériences de longue durée, nous donner des différences de plusieurs milligrammes.

La conduite des expériences était d'une grande simplicité.

Prenons pour exemple l'expérience n° 13 du premier tableau :

Nous avons commencé par emplir d'eau le manchon V, afin d'avoir pendant toute la durée de l'expérience une température à peu près constante.

Nous avons pesé ensuite l'appareil à boules C ; son poids était de 55^{gr},421.

Enfin, nous avons placé dans l'éprouvette E trois feuilles vertes de Tabac du poids de 27^{gr},4 ; puis, pour que l'obscurité fût bien complète, nous avons enveloppé le manchon d'un morceau de serge noire, d'une double épaisseur ; à la partie supérieure étaient ménagées trois petites ouvertures, pour laisser passer les deux tubes de l'appareil et la tige d'un thermomètre.

L'expérience ayant été commencée le 23 septembre, à cinq heures du soir, nous ne l'avons arrêtée que le lendemain 24 septembre, à onze heures et demie du matin ; elle a donc duré dix-sept heures et demie.

La température de l'eau entourant les feuilles était, le 23, de 16 degrés, et le 24, de 14 degrés.

Le 24 septembre, à onze heures et demie, nous avons, au moyen de l'eau du flacon A′, déplacé l'air qui se trouvait dans le flacon A ; cet air, après s'être dépouillé dans le tube B de l'acide carbonique qu'il pouvait contenir, arrivait dans l'éprouvette E, d'où il chassait tout l'acide carbonique, qui allait se fixer dans l'appareil C.

Après avoir ainsi recueilli dans la potasse tout l'acide carbonique produit par les feuilles, nous avons de nouveau pesé l'appareil à boules.

	gr
Poids des boules de Liebig après l'expérience	55,500
Poids des boules de Liebig avant l'expérience	55,421
Acide carbonique dégagé par les feuilles	0,079

Trois feuilles vertes de Tabac du poids de 27^{gr},4 nous ont donc donné, en dix-sept heures et demie, 79 milligrammes d'acide carbonique, la température moyenne ayant été de 15 degrés.

Lorsqu'au lieu de faire les expériences dans l'air, on les faisait dans l'oxygène ou dans tout autre gaz, on commençait par

chasser l'air contenu dans l'appareil au moyen d'un fort courant du gaz employé, et l'on terminait l'expérience en déplaçant
l'atmosphère produite par un courant du même gaz. Les bulles
d'air entraînées par l'eau de A, s'engageant dans le tube T,
montaient dans le ballon α, et ne pouvaient pas s'écouler avec
le gaz de A, qui restait pur.

§ 3.

Exposé des résultats.

Les résultats obtenus par cette méthode sont résumés dans les
quatre tableaux suivants. Tous les nombres insérés dans les trois
premiers proviennent des observations faites sur une seule plante,
le Tabac, dont les feuilles étaient d'une dimension convenable
pour nos expériences. Nous voulions connaître l'influence de la
température à laquelle les feuilles sont maintenues sur l'activité de leur respiration ; nous voulions apprécier comment cette
activité varie avec leur état de santé ; nous cherchions encore si
la combustion interne qui se traduit par le dégagement d'acide
carbonique allait s'accélérant dans l'oxygène pur, et dans quelle
mesure elle s'accélérait, et, pour mettre ces influences en lumière, il était nécessaire d'agir constamment sur des feuilles
appartenant à la même espèce. Le tableau n° IV renferme, en
revanche, les résultats obtenus à diverses températures sur des
feuilles empruntées à des plantes d'espèces très-différentes.

Ces quatre tableaux sont disposés sur le même plan. Le
numéro d'ordre des expériences, l'espèce de la plante à laquelle
la feuille est empruntée, la durée des expériences, le poids des
feuilles, la température à laquelle elles ont été exposées, sont
successivement inscrits dans les premières colonnes ; les deux
dernières renferment le poids d'acide carbonique trouvé à la fin
de l'expérience, quand on a déplacé l'atmosphère de l'éprouvette E par un courant de gaz provenant du flacon A ; enfin,
la dernière colonne contient le poids de cet acide carbonique
rapporté à 100 grammes de feuilles et à une durée d'expériences
de dix heures.

Le tableau n° I donne tous les nombres obtenus avec des feuilles de Tabac vertes en parfait état de santé. Bien que les expériences aient duré jusqu'à vingt-deux heures, les feuilles étaient encore parfaitement fraîches quand elles sont sorties des appareils; on remarquera, au reste, que les expériences faites aux températures élevées ont été de très-courte durée.

TABLEAU I.

Expériences exécutées dans l'air atmosphérique.

Numéros d'ordre.	NATURE de la PLANTE EMPLOYÉE.	DURÉE des expériences.	POIDS des feuilles employées.	Température.	AC. CARBOXIQUE. produit.	AC. CARBONIQUE. produit en 10 heures par 100 gr. de feuilles.
		Heures.	gr.	°	gr.	gr.
1.	Nicotiana Tabacum...... (feuilles vertes.)	6	26,25	7	0,005	0,031
2.	Id............	19	14,36	13	0,038	0,139
3.	Id............	17	28,72	14	0,077	0,157
4.	Id............	17 1/2	27,4	15	0,079	0,1648
5.	Id............	22	11,92	18	0,047	0,178
6.	Id............	19	12,5	18	0,046	0,193
7.	Id............	16	11,86	20	0,050	0,263
8.	Id............	18	17,07	21	0,089	0,289
9.	Id............	5 3/4	29,43	32	0,087	0,514
10.	Id............	5	30,17	40	0,145	0,961
11.	Id............	5	21,02	41	0,119	1,132
12.	Id............	3 1/2	21,11	42	0,098	1,325

Les deux expériences suivantes ont été faites dans un courant d'air continu.

32.	Nicotiana Tabacum......	2	18,35	22	1,015	0,409
33.	Id............	3	27,30	40	0,150	1,831

Le tableau n° II nous donne les résultats obtenus par les feuilles jaunes qui sont si abondantes à la partie inférieure des pieds de Tabac. En comparant les nombres de la dernière colonne à ceux que renferme à la même place le tableau n° I, on voit combien est moins active la respiration de ces feuilles déjà malades; nous aurons, au reste, occasion de revenir plus loin sur ces résultats.

TABLEAU II.

Expériences exécutées dans l'air atmosphérique.

Numéros d'ordre.	NATURE de la PLANTE EMPLOYÉE.	DURÉE des expériences.	POIDS des feuilles employées.	Température.	AC. CARBONIQUE. produit.	AC. CARBONIQUE. produit en 10 heures par 100 gr. de feuilles.
		Heures.	gr.	°	gr.	gr.
13.	Nicotiana Tabacum...... (feuilles jaunes.)	17	29,37	13	0,040	0,080
14.	Id..................	6	31,75	13	0,012	0,062
15.	Id..................	17	28,18	13	0,040	0,083
16.	Id..................	24	35,4	14	0,061	0,071
17.	Id..................	18	6,59	16	0,011	0,092
18.	Id..................	18 1/2	20,54	17	0,045	0,118
19.	Id..................	14	30,65	18	0,068	0,158
20.	Id..................	18	5,11	19	0,012	0,130
21.	Id..................	16 1/2	16,85	21	0,057	0,204
22.	Id..................	5	26,95	41	0,090	0,667

Les chiffres insérés au tableau n° 3 ont été obtenus dans l'oxygène ; on déplaçait, ainsi qu'il a été dit plus haut, l'air contenu dans l'éprouvette E, au commencement de l'expérience, par un courant d'oxygène ; puis, à la fin de l'expérience, on chassait de nouveau les gaz formés dans cette atmosphère par un nouveau courant d'oxygène. Ces expériences ont eu lieu à des températures variées, et ont porté, les premières sur des feuilles de Tabac parfaitement vertes, les autres sur des feuilles déjà jaunies.

TABLEAU III.

Expériences exécutées dans l'oxygène.

Numéros d'ordre.	NATURE de la PLANTE EMPLOYÉE.	DURÉE des expériences.	POIDS des feuilles employées.	Température.	AC. CARBONIQUE. produit.	AC. CARBONIQUE. produit en 10 heures par 100 gr. de feuilles.
		Heures.	gr.	°	gr.	gr.
23.	Nicotiana Tabacum...... (feuilles vertes.)	15	13,8	15	0,032	0,154
24.	Id..................	14	9,9	16	0,030	0,215
25.	Id..................	7	12,5	18	0,025	0,285
26.	Id..................	42	14,05	19	0,144	0,244
27.	Id..................	6	14,84	40	0,075	0,854
28.	Id..................	7	14,36	40	0,132	1,317
29.	Feuilles jaunes..........	24	20,85	17	0,054	0,108
30.	Id..................	22	17,06	18	0,056	0,144
31.	Id..................	6	22,00	40	0,075	0,568

Enfin, nous avons voulu comparer les nombres précédents obtenus exclusivement avec des feuilles de Tabac à ceux que donnent des feuilles appartenant à des espèces complétement différentes : les expériences ont porté sur la *Moutarde blanche*, sur l'*Oseille*, le *Ficus elastica*, et enfin sur le *Pinus Pinaster ;* elles sont insérées au tableau n° IV.

TABLEAU IV.

Expériences exécutées dans l'air atmosphérique.

Numéros d'ordre.	NATURE de la PLANTE EMPLOYÉE.	DURÉE des expériences.	POIDS des feuilles employées.	Tem-pérature.	AC. CAR-BONIQUE. produit.	AC. CAR-BONIQUE. produit en 10 heures par 100 gr. de feuilles.
		Heures.	gr.	°	gr.	gr.
34.	*Sinapis alba.* (Moutarde blanche.).............	17	23,25	14	0,095	0,240
35.	Feuilles vertes..........	4	22,9	31	0,066	0,720
36.	Id..................	3	26,2	40	0,049	0,636
37.	Feuilles jaunes...........	16 1/2	12,94	15	0,006	0,028
38.	*Ficus elastica.*........... (feuilles vertes.)	21 1/2	27,95	14	0,007	0,011
39.	Id.................	4	35,3	42	0,039	0,276
40.	*Rumex Acetosa.* (Oseille.).	8	25,9	14	0,033	0,159
41.	Id.................	7	24	30	0,051	0,303
42.	Id.................	3	23,3	40	0,100	1,430
43.	*Pinus Pinaster.*..........	24 1/2	30	0	0,023	0,031
44.	Id.................	69	30	8	0,122	0,058
45.	Id.................	21	30	15	0,066	0,095
46.	Id.................	6	30	30	0,131	0,703
47.	Id.................	5 1/2	30	40	0,220	1,333

§ 4.

Influence de la température.

Les expériences insérées dans le tableau précédent indiquent clairement que la quantité d'acide carbonique émise augmente régulièrement avec l'élévation de température. Ce fait important, déjà signalé par M. Garreau, l'a été récemment encore par M. Boehm, dans le mémoire dont la rédaction des *Annales* a donné la traduction (1). Pour que cette influence fût nettement saisie, nous avons, dans les quatre tableaux précédents, disposé les expériences par ordre croissant de température ; aussi reconnaît-on sans peine que la quantité d'acide carbonique émise croît presque régulièrement, qu'il s'agisse de feuilles en bon état de santé ou au contraire de feuilles déjà jaunies, qu'elles soient placées dans l'air atmosphérique ou dans l'oxygène, quelle que soit enfin l'espèce à laquelle appartient l'organe mis en expérience.

Tandis que le phénomène de nutrition qui s'accuse par le dégagement d'oxygène, tandis que la transpiration qui favorise le transport des principes immédiats solubles d'un organe à l'autre, sont déterminés par l'intensité lumineuse, la respiration au contraire est plus directement en relation avec la chaleur obscure, et c'est là une différence essentielle sur laquelle il convient d'appuyer.

Nous savons quel avantage considérable les horticulteurs du Nord trouvent à placer les plantes dont ils veulent hâter la croissance sous des cloches, sous des vitrages, dans des serres : or, il n'est pas douteux qu'une partie de la lumière solaire ne soit dispersée au moment où elle rencontre ces surfaces de verre ; les plantes ainsi abritées perdent donc une partie des radiations lumineuses dont elles auraient bénéficié en plein air, mais elles séjournent dans un milieu dont la température s'élève de plusieurs degrés au-dessus de la température ambiante. Or, l'énergie de la respiration s'accroissant avec la température, le développement des plantes étant aussi singulièrement activé par cette même élévation de température, il semble qu'il existe entre les deux phénomènes une liaison encore mal définie et qu'il serait utile de préciser. On sait que l'abondance avec laquelle se rencontre la glycose dans les jeunes feuilles a fait admettre à plusieurs physiologistes que ce principe immédiat était le premier qui prenait naissance sous l'influence de la lumière, par la décomposition simultanée de l'acide

(1) *Vide supra*, p. 181.

carbonique et de l'eau : tandis que l'oxygène qui provient de l'un et de l'autre se dégage, les deux résidus hydrogène et oxyde de carbone s'unissent pour former la glycose, d'après l'équation suivante :

$$12CO^2 + 12HO = C^{12}H^{12}O^{12} + 24O$$

On sait encore que M. Berthelot professe que les hydrates de carbone, tels que le sucre de Canne, $C^{24}H^{22}O^{22}$, l'amidon, $C^{36}H^{30}O^{30}$, les celluloses, $C^{48}H^{40}O^{40}$, dérivent de la glycose par combinaison de plusieurs molécules réunies avec élimination d'eau, par suite d'une réaction semblable à celle qui détermine la formation des éthers par l'union de 2 molécules d'alcool. Or, cette union de 2 molécules d'alcool n'a pas lieu à froid, il faut que la chaleur intervienne pour qu'elle se produise ; et si l'on raisonne par analogie, on sera conduit à penser qu'une certaine quantité de chaleur devra être également mise en jeu pour déterminer l'union de ces molécules de glycose qui doivent former les nouveaux principes qui apparaissent dans les feuilles. Or, les feuilles plongées dans l'obscurité absorbent de l'oxygène et exhalent de l'acide carbonique ; il se produit dans leurs tissus une combustion interne qui occasionne un dégagement de chaleur. Puisque cette chaleur n'est pas sensible aux instruments les plus délicats, elle doit être utilisée dans les tissus mêmes à un travail chimique qui sera d'autant plus énergique, que la combustion sera elle-même plus active. Mais les expériences précédentes démontrent que la combustion interne est d'autant plus active que les feuilles sont soumises à une chaleur obscure plus intense ; on sait, d'autre part, que cette même chaleur obscure est favorable au développement de la plante, par suite à la formation de nouveaux principes immédiats, de telle sorte qu'il semble qu'il y ait là une relation de cause à effet, et que si la chaleur obscure hâte la croissance des végétaux, c'est en activant les phénomènes de combustions internes nécessaires à la formation des nouveaux principes immédiats.

Cette manière de voir reste, il faut le reconnaître, à l'état

d'hypothèse; elle ne paraît pas être susceptible d'une démons-
tration rigoureuse, tant que les phénomènes thermiques qui
accompagnent la formation des principes immédiats n'auront
pas été étudiés d'une façon complète.

§ 5.

Influence de l'état des feuilles sur l'émission d'acide carbonique.

Si l'on compare les nombres insérés dans la dernière colonne
du tableau I, qui ont été obtenus en employant aux expériences des feuilles vertes de Tabac, aux chiffres du tableau II,
qui ont été fournis par des feuilles jaunes, on reconnaît immédiatement que l'état de la feuille a une influence notable sur
son activité respiratoire. Ainsi, l'expérience n° 2 a été faite
à 13 degrés, comme les expériences 14 et 15; la feuille verte
a donné en dix heures $0^{gr},139$ d'acide carbonique, tandis que
la feuille jaune en a donné seulement $0^{gr},062$ dans un cas et
$0^{gr},083$ dans un autre, c'est-à-dire un peu plus de la moitié.
A des températures plus élevées, les choses se sont passées de
même : ainsi, à 41 degrés, les feuilles vertes ont donné en
dix heures $1^{gr},132$ d'acide carbonique, tandis que le même
poids de feuilles jaunes en a donné seulement $0^{gr},667$.

Quand on a remplacé l'air atmosphérique par l'oxygène pur,
on a continué à constater les mêmes différences. C'est ainsi
qu'à 16 degrés, les feuilles vertes donnaient dans ce gaz $0^{gr},215$
d'acide carbonique, tandis que les feuilles jaunes n'en ont
fourni que $0^{gr},108$; qu'à 40 degrés, les feuilles vertes en ont
donné dans une expérience $0^{gr},844$ et $1^{gr},312$ dans l'autre ;
résultats assez divergents, mais supérieurs l'un et l'autre aux
$0^{gr},568$ qui ont été donnés dans ce gaz par les feuilles jaunes
à cette même température.

La décomposition de l'acide carbonique par les feuilles ne
se produit que dans les cellules à chlorophylle ; elle cesse quand
cette chlorophylle est détruite. Il n'en est plus de même de la
respiration, elle persiste dans les organes déjà affaiblis : il est
probable que cette persistance de la fonction respiratoire dans

un organe qui a perdu la puissance d'assimilation est une des causes de sa destruction lente, puis de sa mort et de sa chute. Nous aurons au reste occasion de revenir sur ce sujet dans la seconde partie de ce travail.

§ 6.

Influence de la nature de l'atmosphère ambiante sur l'émission d'acide carbonique.

Quand on compare les nombres obtenus dans l'oxygène à ceux qui ont été fournis par les expériences exécutées dans l'air, on ne trouve pas de différences très-sensibles : les chiffres insérés dans le tableau III sont souvent légèrement plus forts que ceux des tableaux I et II, mais ils ne le sont pas autant qu'on aurait pu le croire au premier abord. C'est ainsi qu'à 15 degrés on a obtenu pour l'expérience 23, dans l'oxygène, un nombre semblable à celui qu'a fourni l'expérience 3 dans l'air atmosphérique ; qu'à 40 degrés, les expériences 28 et 12, toutes deux exécutées à 42 degrés, ont encore fourni des chiffres à peu près semblables ; en revanche, les expériences 24, 25 et 26 donnent des chiffres un peu plus forts que les expériences 4, 5 et 6, exécutées aux mêmes températures, dans l'air. Toutefois il ne faut pas attacher à ces différences une très-grande importance ; car nous voyons dans les expériences exécutées dans l'oxygène, à des températures semblables, des divergences plus grandes que celles que nous venons de signaler entre les nombres obtenus dans l'oxygène et dans l'air atmosphérique.

Il est digne de remarque, au reste, que si l'oxygène, à une température élevée, exerce des réactions infiniment plus énergiques que l'air atmosphérique, à la température ordinaire, au contraire, les actions sont à peu près semblables ou même moins puissantes ; on sait notamment que le phosphore, qui se combine aisément, à froid, avec l'oxygène atmosphérique, reste inerte dans l'oxygène pur tant qu'il est à la pression ordinaire.

La présence de l'acide carbonique, même en faible quantité, dans l'atmosphère ambiante, exerce une action nuisible sur la quantité d'acide carbonique produite.

C'est ce qu'on voit très-nettement dans les expériences 32 et 33, placées à la suite du tableau I, et qui ont été faites dans un courant d'air constamment renouvelé : la quantité d'acide carbonique produite par les feuilles séjournant dans une atmosphère confinée a été, à 21 degrés, de $0^{gr},289$; à 22 degrés, dans l'air renouvelé, la quantité est montée à $0^{gr},409$; à 40 degrés, dans l'atmosphère confinée, les feuilles ont donné $0^{gr},961$, et dans l'atmosphère renouvelée, $1^{gr},831$, c'est-à-dire exactement le double.

Il est probable, d'après cela, que les expériences longtemps prolongées, et dans lesquelles les quantités d'acide carbonique trouvées sont considérables, ne donnent pas cependant des nombres relativement aussi élevés que ceux qu'auraient fournis des expériences de plus courte durée ; nous aurons toutefois occasion de constater dans la seconde partie de ce travail que le dégagement d'acide carbonique se continue, même quand les feuilles sont plongées dans une atmosphère qui ne renferme plus d'oxygène.

§ 7.

Influence de l'espèce à laquelle appartiennent les feuilles.

Toutes les expériences insérées dans les trois premiers tableaux ont porté sur les feuilles de Tabac, et quand il s'agissait de comparer l'influence de la température, de la nature de l'atmosphère, il était nécessaire d'agir sur des feuilles appartenant à la même espèce ; mais il était intéressant de comparer l'activité respiratoire de feuilles appartenant à des espèces différentes. On reconnaîtra, à l'inspection du tableau n° IV, qu'à la température ordinaire, les feuilles persistantes donnent moins d'acide carbonique que les feuilles caduques. Ainsi le *Ficus elastica* et le *Pinus Pinaster* donnent, à 14 et 15 degrés, beaucoup moins que le Tabac, la Moutarde et l'Oseille ; à 30 degrés, la Moutarde a donné un nombre plus élevé que l'Oseille. Mais à 40 degrés, au contraire, l'activité respiratoire a paru moins énergique : c'est le seul exemple que nous ayons eu d'une diminution dans l'émission d'acide carbonique coïncidant avec une élévation de température. A 42 degrés, le *Ficus elastica* donne encore très-peu d'acide carbonique ; mais, au contraire, à ces températures élevées (40 degrés), le *Pinus Pinaster* a donné un nombre comparable à celui que fournissent les feuilles caduques.

Cette activité respiratoire, variable avec les espèces, est-elle liée à la quantité de stomates qui existent sur une surface donnée ? C'est ce qu'il est impossible d'affirmer dans l'état actuel de la science, mais ce qui mériterait d'être l'objet d'une étude attentive.

§ 8.

Comparaison entre l'activité respiratoire des feuilles et celle des animaux inférieurs.

Les nombres contenus dans la dernière colonne des tableaux **I, II, III et IV,** nous donnent les quantités d'acide carbonique émises par 100 grammes de feuilles en dix heures ; mais nous aurions quelque peine à nous figurer l'importance de cette fonction chez les végétaux, si nous ne la comparions à l'activité qu'elle présente chez d'autres êtres vivants. Il est clair que les animaux, qui produisent à la fois chaleur et mouvement, émettent une quantité d'acide carbonique infiniment supérieure à celles que peuvent donner les feuilles ; mais en est-il de même pour les animaux à sang froid ? A priori, on pouvait en douter ; cependant, avant d'avoir fait cette comparaison, en ramenant les nombres donnés par MM. Regnault et Reiset dans leur travail classique sur la respiration, aux unités que nous avons choisies, nous ne pensions pas que les feuilles pussent donner une quantité d'acide carbonique supérieure à celle des animaux, et c'est cependant ce qui a lieu.

Nous avons ramené les nombres de MM. Regnault et Reiset à 100 grammes d'animal respirant pendant dix heures, et nous avons obtenu les chiffres suivants :

Quantités d'acide carbonique produites par 100 grammes d'animaux en dix heures,
d'après MM. Regnault et Reiset (1).

GRENOUILLES.

	Acide carbonique.	Température.	Observations.
Expér. 70.......	0,063	15°	
71.......	0,084	16,6	
72.......	0,110		
73.......	0,107	19	
74.......	0,059	17	Les poumons ont été coupés.
75.......	0,061	17	
76.......	0,048	21	Les poumons ont été enlevés.

SALAMANDRES.

Expér. 77.......	0,215	18°	

LÉZARDS.

Expér. 78.......	0,032	7,3	Engourdis.
79.......	0,044	14,8	Incomplétement réveillés.
80.......	0,197	23,4	Réveillés.

HANNETONS.

Expér. 81.......	1,171		
82.......	1,182		

VERS A SOIE.

Expér. 83.......	0,812		Près de filer.
84.......	0,739		Près de filer.
85.......	1,193		3e âge.
Chrysalides	0,212		

On voit qu'à égalité de température, c'est-à-dire de 15 à 21 degrés, les Grenouilles donnent des nombres infiniment plus faibles que les feuilles de Tabac, de Moutarde et d'Oseille, mais comparables à ceux qui sont fournis par le *Pinus Pinaster.* MM. Regnault et Reiset n'ont pas donné les températures auxquelles ont eu lieu les expériences sur les Vers à soie, mais il est vraisemblable que ces expériences ont été faites au printemps,

(1) *Annales de chimie et de physique,* 5e série, 1849, t. XXVI, p. 490.

par conséquent à des températures voisines des précédentes. Or, à 15 degrés, l'activité respiratoire de ces petits animaux est comparable à celle des feuilles caduques à 30 degrés, mais notablement supérieure à celles qu'elles fournissent aux températures de 15 à 20 degrés.

Nous avons reconnu dans tous les tableaux précédents que l'activité respiratoire des feuilles s'exaltait avec l'élévation de température, et quelquefois les nombres s'accroissaient avec une très-grande rapidité : c'est ainsi que le Pin, qui ne donnait que $0^{gr},095$ d'acide carbonique à 15 degrés, en fournissait $0^{gr},703$ à 30 degrés et $1^{gr},333$ à 40 degrés. Or il est curieux de voir que, pour les Lézards, on trouve des nombres croissant aussi avec rapidité à mesure que la température s'élève : ainsi à 7°,3, 100 grammes de Lézard ne fournissaient en dix heures que $0^{gr},032$ d'acide carbonique, et ils étaient complétement engourdis; à 14°,8, ils étaient imparfaitement réveillés, et ils donnaient $0^{gr},044$ d'acide carbonique; enfin à 23°,4, réveillés complétement, ils en donnaient $0^{gr},197$. La vie végétale, comme la vie animale, semble engourdie par le froid, et le réveil s'accuse dans l'une et dans l'autre par une recrudescence d'activité dans les phénomènes de respiration.

DEUXIÈME SÉRIE D'EXPÉRIENCES.

Nous avons reconnu dans la première partie de ce travail que la quantité d'acide carbonique émise par les feuilles variait avec la température à laquelle elles étaient soumises : mais nos appareils n'étaient pas disposés de manière à nous permettre de déterminer dans quels rapports se trouvaient l'oxygène employé à la respiration de la feuille et l'acide carbonique émis; ils ne nous permettaient pas davantage d'établir quelles modifications surviennent dans une atmosphère confinée par le séjour prolongé des feuilles, et pour les déterminer, il était nécessaire d'instituer une nouvelle série d'expériences, dont nous allons exposer les résultats.

§ 9.

Disposition des expériences.

Pour déterminer le rapport qui existe entre l'oxygène absorbé et l'acide carbonique émis, nous avons placé, pendant cette deuxième série de recherches, les feuilles dans une atmosphère limitée; nous avons mesuré le volume du gaz et déterminé sa composition avant et après l'expérience, et en ramenant les volumes à zéro et à 760 millimètres de pression, il nous a été facile d'en déduire la quantité d'acide carbonique produite et la quantité d'oxygène disparue. Notre manière d'opérer sera établie nettement par un exemple, que nous fournira l'expérience n° 58 du tableau V. Nous avons pesé 30 grammes d'aiguilles de *Pinus Pinaster*, et nous les avons introduites, sous la cuve à eau, dans une éprouvette contenant 210 centimètres cubes d'air atmosphérique à 13 degrés et à 765^{mm},5 de pression.

Nous avons porté ensuite l'éprouvette contenant les feuilles sur la cuve à mercure, et, au moyen d'une pipette recourbée, nous avons aspiré l'eau que renfermait cette éprouvette, de façon à remplacer ce liquide par du mercure. Il est très-facile, avec un peu d'habitude, d'enlever ainsi presque toute l'eau contenue dans la cloche : dans toutes nos expériences, il ne restait jamais sur la surface du mercure plus d'un centimètre cube d'eau, quantité assez grande pour saturer d'humidité le gaz contenu dans la cloche, pour empêcher les vapeurs mercurielles d'exercer leur action toxique sur les feuilles, mais trop faible par rapport à la solubilité de l'acide carbonique pour être une cause d'erreur sensible. Cette manière d'opérer est préférable à celle qui consisterait à introduire directement les feuilles sous le mercure, car elles en retiennent toujours quelques gouttelettes qui peuvent exercer une action nuisible.

L'éprouvette renfermant les feuilles est placée sur un petit cristallisoir contenant du mercure, et l'on descend le tout dans un manchon de verre rempli d'eau, de façon à avoir une température constante pendant toute la durée de l'expérience.

Ce récipient, afin de laisser les plantes dans une obscurité complète, était entouré d'une double couche de papier noir.

L'expérience avait été commencée le 10 novembre, à quatre heures de l'après-midi ; nous l'avons arrêtée le 15 novembre, à trois heures : elle a donc duré cent dix-neuf heures.

Nous avons porté l'éprouvette sur la cuve à eau ; nous avons remplacé par ce dernier liquide le mercure qu'elle contenait, et nous avons rapidement mesuré le volume du mélange gazeux.

La température de l'eau de la cuve était 8°,5, la pression atmosphérique 765 millimètres.

Le volume du gaz était de 254 centimètres cubes.

En voici l'analyse :

Pris sur la cuve à eau...	23 cent. cub.
Après potasse caustique..............................	14,7
Après acide pyrogallique..........................	14,7

Ainsi, 23 centimètres cubes de gaz contenaient $23 - 14,7 = 8^{cc},3$ d'acide carbonique, 0^{cc} d'oxygène et $14^{cc},7$ d'azote.

Si maintenant nous ramenons à 0° et à 760 le volume primitif et le volume final, nous avons :

$$\text{Volume primitif} = \frac{210\,(H - F)}{(1 + \alpha t)\,760}$$

$$\text{Vol. pr.} = \frac{210\,(765,5 - 11,16)}{1,04758 \times 760}$$

$$\text{Log. vol. pr.} = (\log 210 + \log 754,34) - (\log 1,04758 + \log 760).$$

$$\text{Log. vol. pr.} = 2,2987828$$

$$\text{Vol. pr.} = 198^{cc},96.$$

$$\text{Volume final} = \frac{254\,(H - F)}{(1 + \alpha t)\,760}$$

$$\text{Vol. fin.} = \frac{254\,(765 - 8,291)}{1,03111 \times 760}$$

$$\text{Log vol. fin.} = (\log 254 + \log 756,71) - (\log 1,03111 + \log 760).$$

$$\text{Log vol. fin.} = 2,3896496$$

$$\text{Vol. fin.} = 245,27.$$

Le volume primitif étant de l'air atmosphérique, sa composition est facile à déterminer. Représentons par x la quantité d'oxygène qu'il contient, nous aurons :

$$198,96 : x :: 1000 : 208$$
$$x = \frac{198,96 \times 208}{1000} = 41,38.$$

La plante a donc été placée dans un mélange de 41,38 d'oxygène et de 157,58 d'azote.

D'après l'analyse du gaz final, analyse citée plus haut, nous aurons pour la quantité totale d'acide carbonique produite :

$$245,27 : x :: 23 : 8,3$$
$$x = \frac{245,27 \times 8,3}{23} = 88,51.$$

A la fin de l'expérience, tout l'oxygène avait été absorbé, et il s'était produit 88^{cc},51 d'acide carbonique.

Pour rendre les résultats plus sensibles, nous avons disposé nos chiffres dans l'ordre suivant :

	Gaz primitif.	Gaz final.	Différences.
Volume total..........	198,96	245,27	+ 46,31
Acide carbonique.......	«	88,51	+ 88,51
Oxygène...............	41,38	«	— 41,38
Azote	157,58	156,76	— 0,82

Cet exemple suffit pour indiquer comment ont été obtenus les nombres indiqués dans le tableau n° V. On voit qu'un grand nombre d'expériences, ayant pour but d'établir l'influence de la longueur du séjour des feuilles dans une atmosphère limitée, ont été faites sur la même plante, le *Pinus Pinaster*. On voit aussi que nous avons toujours employé le même poids de feuilles, ce qui était facile, à cause du faible poids des aiguilles et de la possibilité d'ajouter au faisceau employé, aiguille par aiguille, jusqu'au moment où l'on avait exactement 30 grammes.

Le tableau renferme au reste un certain nombre d'autres expériences sur les aiguilles de Pin sylvestre, sur les feuilles de Tabac, sur des feuilles d'Agave, des rameaux d'*Opuntia*, etc.

L'échelle des températures a varié depuis 0° jusqu'à 35 degrés ; mais la plupart des observations ont été faites à la température ordinaire. La colonne n° 5 indique la durée des expériences qui se sont souvent prolongées pendant plusieurs jours. Les quatre colonnes suivantes nous donnent le volume primitif ramené à 0° et à 760 millimètres avec sa composition. La plupart des expériences ont été faites dans l'air ; cependant 62 et 63 ont eu lieu dans l'oxygène pur, 64 et 65 dans l'azote pur, enfin 66 dans l'acide carbonique.

Le volume final, ramené à 0° et à 760 millimètres avec sa composition, est indiqué dans les colonnes 10, 11, 12, 13. Les différences de composition sont indiquées plus loin : on voit que les nombres contenus dans la colonne 14 représentent la différence de ceux qui sont inscrits dans 8 et dans 11 ; comme les feuilles ont toujours été maintenues dans l'obscurité, on a trouvé toujours moins d'oxygène à la fin des expériences qu'au commencement.

L'acide carbonique produit est indiqué à la colonne 15 ; ce nombre est généralement égal à celui qui est indiqué dans la colonne 13, puisque les gaz dans lesquels on a opéré ne renfermaient pas d'acide carbonique au commencement des expériences. La colonne 16 indique la différence constatée entre la quantité d'azote trouvée au commencement de l'expérience et celle qui existait sous les cloches à la fin : tantôt il y a en plus de l'azote à la fin, et l'on a inscrit le chiffre sans le faire précéder d'aucun signe ; quand au contraire l'azote a été en défaut, on a placé devant le nombre inscrit le signe —.

Pour faciliter les comparaisons, nous avons inscrit dans la colonne 17 la quantité d'oxygène absorbée par 30 grammes de feuilles dans 200 centimètres cubes de gaz, et dans la colonne 18 la quantité d'acide·carbonique dégagée dans les mêmes conditions.

Enfin, en divisant la quantité d'acide carbonique obtenue par la durée de l'expérience, nous avons pu constater la quantité d'acide carbonique émise en une heure pendant l'expérience ; les nombres ainsi trouvés sont insérés à la colonne 19.

1. NUMÉROS D'ORDRE	2. NATURE de la PLANTE EMPLOYÉE	3. POIDS des feuilles employées	4. TEMPÉRATURE	5. DURÉE de l'expérience en heures	6. VOLUME PRIMITIF Volume total	7. Oxygène	8. Azote	9. Acide carbonique	10. VOLUME FINAL Volume total	11. Oxygène	12. Azote	13. Acide carbonique	14. OXYGÈNE absorbé	15. ACIDE carbonique produit	16. AZOTE apparu	17. OXYGÈNE absorbé par 30 gr. du feuilles dans 100 c.c. de gaz	18. ACIDE carbonique produit par 30 gr. de feuilles dans 100 c.c. de gaz	19. ACIDE carbonique produit par 30 gr. de feuilles dans 100 c.c. de gaz en 1 heure
		gr.	°		cc	cc	cc	cc	cc	cc	cc	cc	cc	cc	cc	cc	cc	cc
50.	Pinus Pinaster (Pin maritime)	30	15	5	188,12	39,129	148,991	»	188,12	29,00	150,50	8,62	10,129	8,62	1,509	10,77	0,16	1,3
51.	Id.	30	15	18	188,12	39,129	148,991	»	179,69	5,19	155,94	18,56	33,93	18,56	6,949	36,08	19,73	1,0
52.	Id.	30	13	22	187,07	38,91	148,16	»	185,98	12,60	152,90	20,48	26,31	20,48	4,74	28,13	21,89	0,94
53.	Id.	30	13	47	189,11	39,33	149,78	»	186,6	0,80	150,56	35,24	38,53	35,24	—0,78	40,75	37,26	0,79
54.	Id.	30	12	70	195,38	40,64	154,74	»	213,88	»	157,74	56,14	40,64	55,14	3	41,59	57,46	0,81
55.	Id.	30	14	72	189,11	39,33	149,78	»	215,88	»	149,17	66,71	39,33	66,71	—0,61	41,59	70,53	0,07
56.	Id.	30	13	72	168,46	35,04	133,42	»	194,92	»	140,78	58,14	35,04	58,14	7,36	41,59	69,02	0,95
57.	Id.	30	13	74	187,07	38,91	148,16	»	227,83	»	160,04	67,79	38,91	67,79	11,88	41,59	80,33	1,08
58.	Id.	30	14	119	198,96	41,38	157,58	»	245,27	»	156,76	88,51	41,38	88,51	0,82	41,59	88,97	0,74
59.	Id.	30	0	24	191,37	39,80	151,57	»	185,96	32,03	150,03	3,90	7,77	3,90	»	8,12	4,07	0,16
60.	Id.	30	0	114	191,37	39,80	151,57	»	182,26	»	154,93	27,33	39,80	27,33	»	41,59	28,56	0,25
61.	Id.	30	7	22	187,07	38,91	148,16	»	185,04	23,83	144,47	16,74	15,08	16,74	—3,69	16,12	17,89	0,81
62.	Id.	30	12	45	188,4	188,4	»	»	187,3	115,63	14,67	57	72,77	57	15,67	77,78	60,51	1,34
63.	Id.	30	14	164	181,8	181,8	»	»	173,21	0,72	16,49	156	181,08	156	16,49	199,20	171,61	1,04
64.	Id.	30	13	26 1/2	174,08	»	174,08	»	185,58	»	170,54	15,04	»	15,04	—3,54	»	17,27	0,65
65.	Id.	30	6	116	168,46	»	168,46	»	209,02	»	175,57	33,45	»	33,45	7,11	»	39,71	0,34
66.	Id.	30	13	92	204,25	»	»	204,25	221,27	»	1	220,27	»	16,02	1	»	15,68	0,17
67.	Pinus silvestris...	23,86	35	4 1/2	159,85	32,248	126,602	»	188,83	18,643	128,61	18,59	19,605	18,59	2,008	24,52	23,25	5,16
68.	Id.	24,32	17	24 1/2	160,77	33,44	127,33	»	167,27	7,20	141,07	19	26,24	19	13,74	32,64	23,63	0,96
69.	Nicotiana Tabacum.	6,75	12	71	178,47	37,12	141,35	»	185,98	»	145,52	40,46	37,12	40,46	4,17	41,59	45,34	0,63
70.	Id.	14	13	93	168,46	35,04	133,42	»	192,83	»	140,47	52,36	35,04	52,36	7,05	41,59	62,18	0,67
71.	Ficus elastica.	23	13	72	185,60	38,60	147	»	189,06	»	150,45	38,61	38,60	38,61	3,45	41,59	41,60	0,57
72.	Id.	23	13	170	192,8	40,10	152,70	»	215,26	»	156,30	58,96	40,10	58,96	3,6	41,59	61,16	0,36
73.	Id.	15,5	12	50	185,02	38,48	146,54	»	182,50	20,36	148,57	20,36	18,12	13,57	2,03	37,00	28,39	0,56
74.	Agave americana.	70	0	47	550	114,40	435,60	»	550	114,40	435,60	»	»	»	»	»	»	»
75.	Id.	70	11	90	524,19	109,03	415,16	»	522,64	60,22	430,16	32,26	48,81	32,36	13	7,98	5,29	0,05
76.	Id.	70	40	5	517,85	107,71	410,14	»	512,10	79,88	407,72	24,5	27,83	24,5	—2,42	4,60	4,05	0,81
77.	Agave micracantha.	55	0	48	780	162,24	617,76	»	780	162,24	617,76	»	»	»	»	»	»	»
78.	Id.	55	11	90	791,05	164,53	626,52	»	791,17	122,76	641,13	27,28	41,77	27,28	14,61	5,75	3,76	0,041
79.	Opuntia elata.	62	12	20	385,80	80,25	305,55	»	382,28	73,63	308,65	»	6,62	»	3,10	1,66	»	»
80.	Id.	65	15	22	555,17	115,47	439,70	»	554,54	110,19	440,76	4,59	5,28	4,59	1,06	0,92	0,80	0,036

§ 10.

Des changements de volume observés pendant le séjour des feuilles
dans une atmosphère confinée, à l'obscurité.

Si l'on compare, dans le tableau n° V, le volume total au commencement des expériences à celui qu'on observe à la fin, on reconnaît que le volume diminue pendant les premières heures (expériences 51, 52, 53, 59, 60), et surtout aux basses températures (expériences 59, 60, 61). Mais il n'en est plus ainsi quand l'expérience se prolonge; nous trouvons alors au contraire que le volume augmente, et d'autant plus que l'expérience dure pendant un temps plus long. C'est ce qui apparaît nettement dans les chiffres suivants :

		Durée.	Volume primitif.	Volume final.	Différence.
			cc.	cc.	cc.
Expér.	54...	70 heures.	195,38	213,88	18,50
Id.	55...	72	189,11	215,88	26,77
Id.	56...	72	168,46	194,92	26,56
Id.	57...	74	187,07	227,81	40,76
Id.	58...	119	245,27	198,96	56,21

Toutes ces expériences ont porté sur le *Pinus Pinaster*, dont les aiguilles résistent, sans s'altérer à un long séjour dans les appareils.

Quand les expériences dépassent les limites précédentes, le volume du gaz continue à croître ; mais il faut alors prendre des précautions particulières pour recueillir tout le gaz émis, car si la cloche n'est pas de très-grande dimension par rapport aux feuilles, elle est soulevée hors du mercure, et une partie du gaz est perdue. C'est ainsi que le 19 novembre on avait introduit 30 grammes d'aiguilles de Pin dans 200 centimètres cubes d'air atmosphérique. Le 26, en rentrant au laboratoire, on trouve que l'éprouvette était soulevée hors du mercure, elle flottait dans l'eau du récipient; elle contenait encore 282 centimètres cubes de gaz, malgré l'acide carbonique qui avait dû se dissoudre pendant la nuit.

Le même jour 19 novembre, on avait disposé une autre expérience semblable à la précédente, et qui fut manquée par suite du même accident ; au moment où l'on retire la cloche flottant dans l'eau du récipient, elle renfermait encore 302 centimètres cubes, c'est-à-dire que le volume avait augmenté de plus d'un tiers.

Les faits précédents ont été observés à des températures comprises entre 12 et 15 degrés ; mais en maintenant les aiguilles de Pin maritime à zéro pendant cent quatorze heures, on n'observe plus d'augmentation de volume ; le volume est au contraire plus faible à la fin de l'expérience qu'au commencement.

Le séjour prolongé sous les atmosphères confinées des feuilles de Tabac ou de *Ficus elastica* a déterminé des augmentations de volume analogues à celles qu'ont données les aiguilles de *Pinus Pinaster* ; on a même encore observé cette augmentation dans l'expérience 67, où les aiguilles de Pin sylvestre ne sont restées que quatre heures et demie dans l'atmosphère confinée. Mais il faut remarquer que la température a été maintenue à 35 degrés, et que, par suite, l'émission d'acide carbonique a été considérable.

L'augmentation de volume que nous avons constatée par le séjour prolongé des feuilles dans un mélange d'azote et d'acide carbonique a été observée également par M. Boehm dans le mémoire que nous avons déjà cité plusieurs fois. « La formation *immédiate* d'acide carbonique par des plantes terrestres *fraîches* dans une atmosphère privée d'oxygène est tellement constante, que, lorsque le volume du gaz dans lequel on les enferme reste le même, il faut nécessairement en conclure qu'ou bien les gaz employés renferment de l'oxygène, ou que la plante est morte. »

§ 11.

De l'absorption d'oxygène par les feuilles maintenues dans l'obscurité.

Nous indiquons dans le tableau V la composition du gaz introduit dans les éprouvettes au commencement de l'expérience et la composition du gaz à la fin. Un grand nombre d'expériences ont été faites dans l'air atmosphérique, et en comparant la quantité d'oxygène introduite à la quantité finale, on reconnaît que cette quantité va en diminuant à mesure que l'expérience se prolonge, et que si sa durée est suffisante, l'oxygène est complétement absorbé jusqu'à la dernière trace. Un de nous avait déjà eu occasion d'observer le même fait pour les plantes aquatiques dans des expériences de laboratoire (1), et même sur une grande échelle (2), à l'étang de Grignon.

Ce fait est digne de remarque : il montre combien les végétaux résistent plus aisément à l'asphyxie que les animaux, qui périraient bien avant d'avoir absorbé jusqu'à la dernière trace d'oxygène. Habituellement les feuilles, après un séjour de plusieurs heures dans une éprouvette, ne contenant plus que de l'acide carbonique et de l'azote, ne paraissaient pas altérées ; cependant, quand ce séjour est par trop prolongé, elles se flétrissent, surtout en revenant à l'air : c'est ainsi que la feuille du *Ficus elastica* qui a servi à l'expérience 72, d'une durée de cent soixante-dix heures, et qui par conséquent était au moins depuis cent heures dans une atmosphère dépouillée d'oxygène (expérience 71), paraissait intacte au moment où on l'a sortie de la cloche ; mais après une ou deux heures, elle est devenue d'un vert sale, annonçant une décomposition prochaine (3). Les feuilles de Tabac résistent moins à ces expériences prolongées que les aiguilles de Pin maritime ; elles se flétrissent plus vite, et étaient généralement fanées après deux ou trois jours.

Quand les aiguilles de Pin ont été placées dans l'oxygène ur, elles ont absorbé ce gaz, et l'ont remplacé en partie par de l'acide carbonique, mais le volume n'a pas augmenté ; la quantité d'oxygène prise a toujours été supérieure à la quantité d'acide carbonique émise. Dans l'expérience 64, qui a duré cent soixante-

---

(1) *Bull. de la Soc. chim.*, 1864, t. II, p. 136.

(2) *Comptes Rendus*, 1868, t. LXVII, p. 178. — *Ann. sc. nat.*, 5ᵉ série, t. IX, p. 267.

(3) On doit à Th. de Saussure une observation analogue : « Une Rose paraît conserver, dans le gaz azote, sa forme et sa couleur ; mais lorsqu'au bout de quinze jours on croit la retirer encore fraîche, elle exhale une odeur infecte ; ses pétales sont corrompus, et l'on voit que cette vie apparente cachait une véritable mort. »

quatre heures, les aiguilles de Pin ont fini par absorber presque
entièrement l'oxygène primitif; c'est à peine si l'on a pu en
absorber une trace avec l'acide pyrogallique et la potasse.

§ 12.

Sur l'émission d'acide carbonique par les feuilles maintenues dans une atmosphère
confinée dans l'obscurité.

Les feuilles maintenues dans l'obscurité émettent constamment de l'acide carbonique ; sans doute, la quantité de ce gaz
qui est fournie quand l'expérience est de courte durée est, ainsi
qu'on l'a vu dans la première série d'expériences (expériences 32
et 33), relativement supérieure à celle qui est produite dans une
atmosphère dépouillée d'oxygène; mais la différence est beaucoup moindre qu'on n'aurait pu l'imaginer au premier abord.
Ainsi les 30 grammes d'aiguilles de Pin de l'expérience 50 nous
ont donné 1^{cc},8 d'acide carbonique en une heure ; l'expérience
n'a duré que cinq heures, et quand on y a mis fin, il restait encore
dans cette atmosphère de l'oxygène. Dans l'expérience 51, la
quantité d'acide carbonique fournie par heure a été seulement
de 1^{cc},0 ; il restait encore de l'oxygène. Les nombres continuent
à décroître régulièrement, à mesure que les expériences durent
plus longtemps ; mais il est digne de remarque qu'à partir de
l'expérience 54, la quantité d'acide carbonique émise se relève,
remonte à 0^{cc},97, 0^{cc},98, 1^{cc},08 par heure, pour retomber ensuite
à 0^{cc},74, bien que, dans toutes ces expériences, les feuilles aient
été maintenues pendant plusieurs jours dans une atmosphère
absolument dépouillée d'oxygène.

Bien que ce résultat semble au premier abord paradoxal, il
est certain que la température à laquelle la feuille est exposée
a plus d'influence sur le dégagement d'acide carbonique que n'en
a la composition même de l'atmosphère dans laquelle elle sé-
journe : c'est ainsi que le nombre le plus faible qu'ait donné le
Pin maritime a été fourni par des aiguilles séjournant dans l'air
normal. Mais, à la température de zéro, le nombre est comparable à celui qu'on a obtenu à 13 degrés dans de l'acide carbo-

nique pur ; là la feuille a encore ajouté une nouvelle proportion d'acide carbonique à celle qui constituait l'atmosphère dans laquelle elle était plongée.

Il est clair que, lorsque la feuille est placée dans une atmosphère riche en oxygène, l'acide carbonique qu'elle produit provient surtout des combustions internes que cet oxygène provoque ; cependant nous ne voyons pas que l'oxygène pur soit particulièrement favorable à cette émission. En effet, nous trouvons dans les expériences 62 et 63 que la quantité d'acide carbonique émise par heure varie de $1^{cc},34$ à $1^{cc},04$, c'est-à-dire que l'émission a été pendant ces expériences moins abondante que lorsque la feuille a été seulement plongée dans l'air pendant peu de temps (expérience 50). Mais quand la feuille est placée dans un gaz absolument dépourvu d'oxygène, l'émission d'acide carbonique due à la combustion est forcément supprimée, et cependant ce gaz continue d'apparaître. Ainsi nous trouvons que la quantité d'acide carbonique produite pendant les expériences 64 et 65 a donné $17^{cc},27$ et $39^{cc},71$ d'acide carbonique, ce qui correspond, pour l'expérience 64, à $0^{cc},65$ par heure, et pour l'expérience 65 à $0_{c}^{c},34$. Cette émission d'acide carbonique dans un gaz inerte a été encore observée dans les feuilles de *Begonia* placées dans de l'hydrogène pendant quarante-cinq heures ; elles y ont donné de l'acide carbonique ($2^{cc},95$ sur 134^{cc}), mais elles y ont péri rapidement.

§ 13.

Des rapports qui existent entre l'oxygène consommé et l'acide carbonique apparu.

En examinant le tableau n° V, on reconnaît que, lorsque les expériences ont été de courte durée, on a toujours trouvé plus d'oxygène consommé qu'il n'y a eu d'acide carbonique émis (50, 51, 52), et l'on conçoit facilement qu'il en soit ainsi, si l'on songe que l'acide carbonique n'est pas le seul produit d'oxydation qui se trouve dans les végétaux. On rencontre au contraire dans les tissus de ceux-ci d'autres corps déjà très-fortement oxydés : l'acide oxalique, l'acide malique, l'acide citrique, etc.

Enfin, quand la matière organique se brûle, il est possible qu'elle fournisse non-seulement de l'acide carbonique, mais encore de l'eau, ce qui donnerait une consommation notable d'oxygène, sans production correspondante d'acide carbonique. Les nombres trouvés dans les expériences précédentes indiquent donc claire-ment que l'oxygène consommé par les feuilles n'est pas employé uniquement à former de l'acide carbonique, au moins immé-diatement.

Est-il probable que les feuilles puissent emmaganiser de l'oxy-gène, de façon à l'utiliser plus tard à cette formation d'acide carbonique ? Évidemment non ; car on pourrait, si l'oxygène pouvait se confiner dans les feuilles, l'en extraire. Or, si nous examinons les expériences instituées par M. Boussingault pour reconnaître si les feuilles absorbent de l'azote libre, nous ver-rons toujours que, dans le ballon (II) renfermant les feuilles, il y a moins d'oxygène qu'il n'en existait dans l'eau qui servait à l'expérience ; en d'autres termes, bien que les feuilles ne séjour-nassent dans l'appareil que pendant un temps assez court, elles avaient cependant fixé une partie de cet oxygène dissous.

Il est donc clair que l'oxygène est utilisé par les feuilles à la production d'autres matières que l'acide carbonique ; nous ajou-terons qu'il nous paraît peu vraisemblable qu'elles aient fourni de l'eau. En effet, nous voyons que la combustion interne s'accé-lère sous l'influence de la chaleur obscure, tandis que l'un de nous a montré dans les recherches sur l'évaporation de l'eau par les feuilles, insérées dans ce recueil même (1), que celle-ci n'a lieu que sous l'influence de la lumière, et qu'elle s'arrête absolu-ment dans l'obscurité, tandis que nous reconnaissons ici que l'absorption d'oxygène a parfaitement lieu en l'absence de la lumière. Il est donc probable que l'oxygène non employé à la formation de l'acide carbonique se fixe sur des matières orga-niques, qu'il n'amène qu'au degré d'oxydation nécessaire pour les métamorphoser en acides végétaux.

C'est surtout aux basses températures que la proportion

_____

(1) *Ann. sc. nat.*, 1869, t. XII, p. 5. Voyez aussi Dehérain, *Cours de chimie agri-cole*, p. 175.

d'oxygène absorbé dépasse l'acide carbonique produit. Ainsi
36 grammes d'aiguilles de Pin maritime ont fixé $8^{cc},12$ d'oxygène, en produisant seulement $4^{cc},07$ d'acide carbonique ; à cette
même température, mais en cent quatorze heures au lieu de
vingt-quatre, les 30 grammes d'aiguilles ont encore pris $44^{cc},59$
d'oxygène, c'est-à-dire tout ce qu'on leur a offert, mais n'ont dégagé que $28^{cc},56$ d'acide carbonique. On voit que dans ces conditions, la combustion de la matière organique est moins complète que celle qui a lieu à des températures élevées : c'est ainsi
que, si l'on oxyde de l'alcool sous l'influence du noir de platine,
on produit de l'acide acétique, tandis que si on le brûle, on
pousse l'oxydation jusqu'à ses dernières limites pour former de
l'acide carbonique et de l'eau.

Il est possible qu'on trouve dans ces oxydations partielles
qui se produisent à basses températures, et qui engendrent vrai-
semblablement les acides végétaux, l'explication de la différence
de qualité des produits obtenus de la même plante à des latitudes différentes.

Les raisins qui se développent dans les régions méridionales
renferment singulièrement plus de sucre que ceux qui croissent
dans les latitudes plus élevées ; ceux-ci, en revanche, sont plus
acides. Dans les régions méridionales, sous l'influence d'une
température élevée, l'oxygène a simplement donné de l'acide
carbonique qui a disparu, tandis qu'aux températures plus basses
du nord, il a encore réagi sur les hydrates de carbone, mais
pour donner des produits d'oxydation inférieurs, tels que l'acide
tartrique, dont la saveur se communique au vin obtenu avec
ces raisins.

On trouve un nouvel appui aux considérations précédentes
dans les expériences qui ont porté sur l'*Opuntia*. On sait que
Th. de Saussure avait remarqué que les rameaux de cette
plante grasse, maintenus à l'obscurité, absorbaient de l'oxygène
sans former d'acide carbonique ; nous avons obtenu dans une de
nos expériences (79) un résultat tout à fait semblable ; et si (80)
nous a fourni une certaine quantité d'acide carbonique, nous
avons toujours observé cependant qu'il y avait plus d'oxygène

absorbé que d'acide carbonique émis : or, on sait que le *Cactus Opuntia* renferme habituellement une proportion considérable d'acide oxalique.

§ 14.

Sur l'émission d'azote.

On remarquera que le tableau V nous indique que les feuilles ont habituellement émis une petite quantité d'azote, et parfois le dégagement de ce gaz a été assez important, puisqu'il s'est élevé jusqu'à 11^{cc},88 (exp. 57). On ne voit pas cependant que ce dégagement soit lié à la longueur du séjour des feuilles dans les cloches, et par suite à leur altération, puisque l'expérience 58, qui est une des plus longues que nous ayons faites, ne donne que 0^{cc},82 d'azote en excès. Quand les expériences ont été faites dans l'oxygène pur, on a trouvé souvent une quantité d'azote assez considérable 14^{cc},67 et 16^{cc},49 (expér. 62, 63), et ces expériences sont de nature à nous faire comprendre que l'azote dégagé provient tout simplement de l'atmosphère confinée dans les feuilles.

Qu'il y ait ainsi des gaz contenus dans ces organes, c'est là ce qui est établi par nombre d'observations dues aux botanistes et aux chimistes qui se sont occupés de la végétation. M. Barthélemy a tout récemment appuyé encore sur les résultats qu'il a obtenus en plaçant des feuilles dans l'acide carbonique, et il est probable que l'émission d'azote que nous avons constatée souvent, que l'absorption qui s'est présentée plus rarement, sont dues l'une et l'autre à un simple phénomène de diffusion.

Le dégagement de l'azote contenu dans les feuilles a été observé depuis longtemps, et a souvent été l'occasion d'importantes erreurs d'interprétation. On se rappelle que Th. de Saussure, dans ses mémorables expériences sur la végétation, a toujours trouvé qu'il apparaissait moins d'oxygène qu'il ne disparaissait d'acide carbonique, mais qu'il apparaissait du gaz azote, dont il n'a pas cherché à préciser l'origine : ce dégagement est considérable, on en jugera par le tableau suivant emprunté aux expériences de Saussure :

	Acide carbonique disparu.	Oxygène apparu.	Azote apparu.	Oxygène manquant.
Pervenche.	431c.c.	292c.c.	139c.c.	139c.c.
Menthe aquatique	139	224	86	85
Salicaire	149	121	21	28
Pin	306	246	20	60
Cactus Opuntia	184	126	57	56

On voit que, dans cinq expériences sur quatre, le volume d'oxygène qui manque pour reproduire le volume d'acide carbonique disparu est précisément égal au volume d'azote apparu ; il semble qu'il y ait eu simplement substitution d'un gaz à l'autre, et que l'oxygène dominant dans l'atmosphère où séjournaient les feuilles se soit substitué à l'azote contenu dans leurs tissus.

Dans leurs expériences sur la décomposition de l'acide carbonique par les plantes marécageuses maintenues dans l'eau, MM. Cloëz et Gratiolet ont aussi trouvé que le gaz recueilli renfermait d'autant moins d'azote que l'expérience était plus prolongée, et, par suite, que l'atmosphère de l'eau se chargeait d'oxygène en se dépouillant d'azote. Il y a encore là sans doute un simple phénomène de diffusion des gaz au travers des membranes épidermiques des feuilles.

§ 15.
De la vie et de la mort des feuilles.

Nous avons laissé dans les expériences insérées au tableau V des feuilles pendant plusieurs jours dans une atmosphère dépouillée d'oxygène et à l'obscurité ; pendant ce temps ces feuilles ont continué d'émettre de l'acide carbonique, et, bien que la quantité formée en une heure soit un peu plus faible à la fin des expériences qu'au commencement, les différences ne sont pas cependant très-grandes, et l'on doit se demander si des feuilles mortes continuent d'émettre de l'acide carbonique à peu près avec la même énergie que des feuilles vivantes ; si, par suite, cette émission d'acide carbonique est seulement un phénomène chimique qui n'a aucune relation avec la vie, ou si au contraire, au moment de la mort, la feuille cesse toute émission de gaz.

Pour résoudre cette question, il fallait tuer systématiquement les feuilles, afin de reconnaître comment elles agiraient après leur mort sur l'atmosphère ambiante, et d'abord il fallait avoir un criterium de la vie ou de la mort de la feuille.

Peut-on affirmer qu'une feuille est morte quand elle cesse de décomposer l'acide carbonique sous l'influence de la lumière ? Il serait téméraire de l'affirmer, car le dégagement d'oxygène est lié à la fonction de nutrition, qui peut être suspendue sans que la mort s'ensuive immédiatement. Une plante plongée dans l'obscurité, qui vit aux dépens de sa propre substance, n'émet pas d'oxygène, et cependant est remplie de vie. On conçoit très-bien que la fonction de nutrition aux dépens de l'acide carbonique atmosphérique soit suspendue sans que la mort survienne immédiatement ; on comprend même qu'un séjour prolongé dans un gaz asphyxiant ait altéré les cellules à chlorophylle, et que la décomposition de l'acide carbonique soit diminuée ou arrêtée, ainsi que l'a constaté M. Boussingault (1), sans que la mort en résulte fatalement. Un animal dont les organes digestifs cessent de fonctionner résiste cependant à la mort pendant plusieurs jours, et il en peut être de même des feuilles ; aussi avons-nous dû chercher une autre méthode que celle que nous venons d'indiquer pour reconnaître si la feuille était morte ou vivante.

Quand on opère sur des aiguilles de Pin, on a quelque peine à saisir ce passage de la vie à la mort ; mais il n'en est plus ainsi pour des feuilles plus délicates, telles par exemple que celles de *Begonia*. Nous avons laissé ces feuilles pendant vingt-quatre heures dans l'hydrogène pur, elles y ont émis une petite quantité d'acide carbonique ; mais quand on les a retirées, elles étaient jaunes, flétries, elles avaient bien l'aspect d'un organe mort. Elles ont été alors renfermées, à l'obscurité, dans l'air ordinaire ;

(1) *Chimie agricole*, t. IV, p. 529.

quand on les en a retirées, leur puissance d'absorption pour l'oxygène et d'élimination d'acide carbonique avait presque complétement disparu. En effet, on a laissé ces feuilles, après leur séjour dans l'hydrogène, quarante-huit heures dans l'air ordinaire; elles ont introduit, dans les $158^{cc},9$ où elles étaient plongées $0^{cc},64$ d'acide carbonique, en absorbant $1^{cc},5$ d'oxygène. Si nous rapportons ces nombres à 30^{gr} de feuilles et à une heure, nous trouvons $0^{cc},04$, c'est-à-dire un nombre environ trente fois inférieur à celui que donnent les aiguilles du Pin maritime, quand elles séjournent pendant quelques heures dans une atmosphère confinée. Dans une autre expérience, les feuilles de *Begonia* ont été asphyxiées par un séjour de quarante-huit heures dans l'acide carbonique, puis ont séjourné vingt-quatre heures dans l'air; mais si elles y ont abandonné un peu d'acide carbonique provenant sans doute de celui qui gorgeait leurs tissus, elles n'y ont fait aucune inspiration d'oxygène. Des feuilles de *Ficus elastica* désséchées par l'acide sulfurique à la température ordinaire absorbent l'oxygène et n'émettent de l'acide carbonique qu'en bien faible proportion; cependant l'absorption d'oxygène et l'émission d'acide carbonique n'étaient pas complétement anéanties. Ainsi, on peut conclure que lorsqu'une feuille est morte, elle cesse d'émettre de l'acide carbonique; que la fonction de respiration est celle qui s'éteint la dernière, et que la plante, comme l'animal, meurt quand elle ne respire plus. Il faut reconnaître toutefois que cette fonction persiste avec une singulière énergie, et que les phénomènes purement chimiques de la destruction par combustion lente se lient aux phénomènes vitaux de la respiration par une transition insensible.

On se rappelle que les feuilles de Pin ont été dans quelques-unes de nos expériences maintenues dans l'obscurité pendant une dizaine de jours, dans une atmosphère dépouillée d'oxygène; elles ont continué d'y vivre, puisqu'elles ont continué d'y émettre de l'acide carbonique, et nous sommes conduits à reconnaître une différence notable entre la résistance à l'asphyxie des plantes et celle de l'animal: tandis que celui-ci cesse d'émettre de l'acide carbonique quand il est privé d'oxygène libre pendant un temps suffisant, qu'il meurt ainsi asphyxié rapidement, la feuille est capable de continuer à émettre de l'acide carbonique aux dépens de ses propres tissus pendant un temps relativement assez long.

L'activité vitale de la plante est liée au phénomène de combustion, comme l'activité vitale de l'animal ; mais tandis que l'un n'est capable de respirer qu'avec l'oxygène libre, la feuille continue d'émettre de l'acide carbonique dans une atmosphère dépouillée d'oxygène, et par suite forme l'acide carbonique aux dépens de ses propres tissus, en empruntant leurs éléments aux principes immédiats qu'elle renferme : il se produit dans une feuille soustraite à l'action de l'oxygène atmosphérique une sorte de combustion interne analogue à celle que la levûre de bière provoque dans la glycose qui se réduit en acide carbonique et en alcool.

Quelle est l'utilité de cette combustion, de cette production de chaleur qui paraît être la fonction capitale de la feuille, puisqu'elle se détruit elle-même pour l'accomplir ? Nous ne pouvons, en terminant, que revenir sur l'hypothèse déjà exposée plus haut, car la science ne nous fournit pas actuellement toutes les données nécessaires pour résoudre cette question capitale.

La feuille nous apparaît comme le laboratoire de la plante : c'est là que s'élaborent les principes immédiats qui, après diverses métamorphoses, servent à la formation des organes nouveaux. Le premier de ces principes, la glycose, se forme par la décomposition simultanée de l'acide carbonique et de l'eau déterminée par la chaleur lumineuse du soleil. Mais comment prennent naissance les autres matières plus compliquées qui en dérivent ? comment la glycose donne-t-elle le sucre de canne, l'amidon, la cellulose ? comment se réduit-elle de façon à fournir les composés riches en carbone et en hydrogène, matières grasses, résines, essences, etc.? Comment les nitrates ou les sels ammoniacaux s'unissent-ils aux principes hydrocarbonés pour donner, après de nouvelles réductions, les albuminoïdes ? Nous l'ignorons absolument ; toutefois il est vraisemblable que toutes ces métamorphoses exigent qu'une certaine quantité de chaleur

soit mise en jeu. Et de même que les corps dont nous pouvons
facilement suivre les combinaisons dans le laboratoire ne s'unissent qu'autant qu'ils sont portés à une température suffisante,
de même sans doute les métamorphoses qui se produisent dans
les cellules n'ont lieu que lorsque la température s'y élève.
Dans les conditions normales, cette élévation de température
est due à une oxydation produite par l'oxygène atmosphérique ;
mais lorsque celui-ci fait défaut, il résulte de nos expériences
que la feuille continue cette émission d'acide carbonique à
l'aide de ses propres éléments : mais c'est là un changement
de régime qui est peut-être la cause même de l'asphyxie et
de la mort de la feuille. Pendant sa vie normale, elle fonc-
tionne dans l'obscurité en employant l'oxygène de l'air à oxyder
quelques-uns des principes qu'elle renferme, afin de produire
la chaleur nécessaire à la formation des matières qu'elle doit
élaborer. Tout à coup l'agent oxydant disparaît ; si la fonction
de respiration s'éteignait du même coup, la feuille périrait
immédiatement en cessant de fonctionner. Il n'en est pas ainsi :
elle résiste à l'asphyxie pendant plusieurs jours, en empruntant
les éléments de l'acide carbonique à ses propres tissus ; mais
cette condition anormale ne peut se soutenir que pendant peu
de temps, ses cellules meurent les unes après les autres, et son
retour à l'air ne fait souvent que hâter sa décomposition finale.

CONCLUSIONS.

Des expériences décrites dans ce mémoire, nous croyons pouvoir tirer les conclusions suivantes :

1° Les quantités d'acide carbonique émises par les feuilles
dans l'obscurité sont comparables à celles que produisent les
animaux inférieurs (Grenouilles, Vers à soie, Hannetons, etc.).

2° Ainsi que l'avait observé M. Garreau, la quantité d'acide
carbonique émise par les feuilles augmente avec l'élévation de
la température à laquelle elles sont soumises.

3° La quantité d'oxygène absorbé par les feuilles surpasse la
quantité d'acide carbonique produite ; la différence est surtout

sensibles aux basses températures, qui paraissent favoriser dans les plantes la formation de produits incomplétement oxydés, tels que les acides végétaux.

4° Les feuilles plongées dans une atmosphère dépouillée d'oxygène continuent d'y émettre de l'acide carbonique pendant plusieurs jours, aux dépens de leurs propres tissus ; cette émission paraît ne cesser que lorsque toutes les cellules sont mortes. La résistance à l'asphyxie par absence d'oxygène varie singulièrement d'une espèce à l'autre.

5° Il est probable que la combustion lente qui prend naissance dans les feuilles produit la chaleur nécessaire à la formation des principes immédiats qui s'y élaborent. On remarque, en effet, que l'émission d'acide carbonique est favorisée par la chaleur obscure, qui exerce aussi une influence décisive sur la rapidité de croissance des plantes ; tellement que les horticulteurs ont reconnu utile, depuis longtemps, de perdre une partie de la chaleur lumineuse que déverse le soleil, en maintenant les plantes sous des abris vitrés où se concentre au contraire la chaleur obscure.

PARIS. — IMPRIMERIE DE E. MARTINET, RUE MIGNON, 2

semblables aux feuilles lumineuses, qui paraissent favoriser, dans les plantes la formation de produits incomplètement oxydés, que les acides végétaux.

Les feuilles plongées dans une atmosphère dépourvue d'oxygène conduisent à émettre de l'acide carbonique pendant plusieurs jours, aux dépens de leur propre tissu. Cette émission paraît se classer moins longtemps, toutefois, sous le soleil, modifiée à la coloration du suppléé à par absence d'oxygène, vient singulièrement à une espèce de l'air.

Il n'y a point de que la combustion lente, qui produit dans les plantes vivantes à l'obscurité en une prédomine certains cas, il règle prédomine en leur obscurité en même dans les principes immédiats que s'élaborent dans l'ammoniaque sous argile sur Peut-être d'acide carbonique. Peut-être ne se change-t-il que encore aussi une culture à obscure sur le développe que des plantes vivantes ... sous la lumière continue ces produits utile, depuis longtemps sous une prépondérante partie de la ... à tant lumineuses que devient le sous leur sous tant les plantes sous des ... les végétaux qui sont privées d'une culture obscure.